Sebastian Stark

Kennen lernen einfacher geometrischer Grundformen

GRIN Verlag

Bibliografische Information der Deutschen Nationalbibliothek:

Die Deutsche Bibliothek verzeichnet diese Publikation in der Deutschen National-
bibliografie; detaillierte bibliografische Daten sind im Internet über http://dnb.d-
nb.de/ abrufbar.

Impressum:

Copyright © 2008 GRIN Verlag GmbH
Druck und Bindung: Books on Demand GmbH, Norderstedt Germany
ISBN: 978-3-640-55419-5

Dieses Buch bei GRIN:

http://www.grin.com/de/e-book/132638/kennen-lernen-einfacher-geometrischer-
grundformen

Unterrichtsentwurf

zur Lehrprobe

Sebastian Stark

Thema: **Kennen lernen einfacher geometrischer Grundformen**

Datum: 12.06.2008

Beginn: 10.00 Uhr

Ende: 10.50 Uhr

Fach: Grundschulpädagogik/Mathematik

Klasse: 1a

Inhaltsverzeichnis

1 Thema der Unterrichtseinheit/ Unterrichtsstunde

Thema der Unterrichtseinheit: Ebene Figuren und ihre Eigenschaften

Thema der Unterrichtsstunde: Kennen lernen einfacher geometrischer Grundformen

Stellung des Unterrichtsinhaltes innerhalb der Unterrichtseinheit:

1. Stunde: **Kennen lernen einfacher geometrischer Grundformen**
2. Stunde: Anwendung geometrischer Formen beim Bau verschiedener Kartontheaterkulissen
3. Stunde: Fertigstellung der Kartontheaterkulissen aus geometrischen Formen
4. Stunde: Wir entdecken geometrische Formen in der Umwelt
5. Stunde: Herstellung eines Legespieles
6. Stunde: Wir legen und zeichnen Grundformen

2 Didaktische Entscheidungen und Begründungen

2.1 Zielsetzungen für die Unterrichtsstunde

Ziel der vorliegenden Stunde ist es, dass die Kinder die geometrischen Grundformen Kreis, Dreieck, Quadrat und Rechteck, sowie Eigenschaften dieser Grundformen kennen und benennen können (Sachkompetenz). Von großer Bedeutung ist es darüber hinaus, dass die Kinder sich gegenseitig in den Gruppen helfen und gemeinsam die Arbeit ihrer Gruppe präsentieren (Sozialkompetenz).

2.2 Begründungen für die Auswahl des Inhaltes

Radatz & Rickmeyer (1991, 7) stellen fest, dass das Unterrichten von Geometrie einen wichtigen Beitrag für die Fähigkeitsentwicklung des einzelnen Kindes, seine Lebens- bzw. Erfahrungsumwelt zu erschließen, leistet. Da sich die Fähigkeiten, die zur Erschließung der geometrischen Struktur der Umwelt wichtig sind, wie die Raumvorstellung und die visuelle Informationsaufnahme und Informationsverarbeitung, nicht von selbst entwickeln, bedarf es der Anregung und Förderung der geometrischen Erfahrungen und Übungen im Grundschulalter. Gerade die Anwendungsorientierung als auch die Strukturorientierung lassen sich im Geometrieunterricht sehr gut realisieren. Die Arbeit in der Gruppenphase der vorliegenden Stunde schult grundlegende kognitive Fähigkeiten wie Vergleichen, Unterscheiden, Ordnen, Sortieren, aber auch das soziale Lernen wird praktiziert. Das konkrete Handeln mit Materialien (Radatz & Rickmeyer, 1991, 8) motiviert sehr viele Schüler und vermittelt ihnen somit eine positive Einstellung zum Fach Mathematik. Radatz & Rickmeyer (1991,10) zählen zu den geometrischen Inhaltsbereichen der Grundschule „Ebene Figuren und Formen wie Quadrate, Rechtecke, Dreiecke, Kreise erkennen, legen, herstellen, zusammensetzen und nach Eigenschaften unterscheiden."

Der Teilrahmenplan Mathematik beschreibt in seinem Leistungsprofil, dass die Schüler am Ende ihrer Grundschulzeit geometrische Muster erkennen sollen. Sie sollen mit geometrischen Formen operieren können. Darüber hinaus sollen sie Strukturen und Relationen erfassen, sowie tragfähige Begriffe und Modellvorstellungen entwickeln. Das Sortieren der Formen, die Versprachlichung der Eigenschaften der Formen und die Präsentation der Ergebnisse tragen zur Ausbildung der oben beschriebenen Kompetenz bei. Der Teilrahmenplan fordert anschlussfähiges Wissen. Im Bereich Raum und Form sollen geometrische Grundkenntnisse zu Flächen vermittelt werden. Zum Bereich des anwendungsfähigen Wissens gehört das Kennen und Nutzen von Fachbegriffen. Gerade das Benennen der Formen in der Erarbeitungsphase und bei der Präsentation, in der Phase der Ergebnissicherung, trägt zur Entwicklung dieses anschlussfähigen Wissens bei.

2.3   Sachanalyse

Geometrische Flächen treten als Begrenzungsflächen von Körpern auf (Richter, 2). Sie haben allerdings nur 2 Ausdehnungen: in die Länge und in die Breite. Diese geometrischen Flächen werden durch Linien begrenzt. Die Linien haben nur eine Ausdehnung, die Länge. Eine Linie wiederum wird durch Punkte begrenzt, die keine Ausdehnung haben und wenn sie sich bewegen eine Linie erzeugen. Bewegt sich eine Linie, erzeugt sie eine Fläche.

Als geometrische Grundformen, die in der Grundschule behandelt werden sollen, sind Kreis, Dreieck und die speziellen Vierecke, Rechteck und Quadrat, anzusehen (Franke, 199). Man bezeichnet diese Formen als geometrische Grundformen, da sich viele Flächen darauf zurückführen lassen. Die Formen Kreis, Dreieck und Viereck sind den Kindern häufig aus dem Alltag bekannt, sie können diese auch benennen.

Der Kreis

Der Kreis ist eine ebene Figur (Franke, 205). Jeder Punkt der Kreislinie hat den gleichen Abstand zum Mittelpunkt. Diesen Abstand nennt man Radius. Eine Strecke von zwei Kreispunkten, die durch den Mittelpunkt läuft, nennt man Durchmesser. Der Kreis wird häufig als die elementarste ebene Grundform bezeichnet, da sie von einem Kleinkind als Erstes von anderen Formen unterschieden werden kann. Kinder haben in der Regel auch keine Probleme mit dem Identifizieren von Kreisen, denn alle Kreise sind ähnlich, d.h. sie lassen sich durch zentrische Streckung ineinander überführen. Kreise tauchen in der Umwelt sehr häufig auf.

Das Dreieck

Das Dreieck ist eine ebene Figur (Franke, 208). Es hat drei Ecken und drei Seiten. Es können alle Seiten gleich lang sein, man spricht dann von gleichseitigen Dreiecken. Sind zwei Seiten gleich lang, so handelt es sich um ein gleichschenkliges Dreieck und wenn alle Seiten unterschiedlich lang sind, so ist es ein ungleichseitiges Dreieck. Dreiecke können auch nach ihren Innenwinkeln unterschieden werden. Sind alle Winkel kleiner als 90 Grad, so spricht man von einem spitzwinkligen Dreieck. Um ein rechtwinkliges Dreieck handelt es sich, wenn ein Winkel genau 90 Grad hat. Ein stumpfwinkliges Dreieck liegt vor, wenn ein Winkel größer als 90 Grad ist. Die Summe der drei Winkel im ebenen Dreieck beträgt 180 Grad. Das Dreieck ist von allen geometrischen Gebilden die geradlinige ebene Fläche mit der geringsten Anzahl von Seiten (Richter, 2). In der Umwelt findet man Dreiecke relativ selten, es sind kaum Flächen mit 3 spitzen Ecken zu finden.

<u>Das Viereck</u>

Ein Viereck ist jede von 4 geraden Linien eingeschlossene ebene geometrische Figur. Man unterscheidet regelmäßige und unregelmäßige Vierecke (Richter, 2). Bei den regelmäßigen sind die Längen und Lagen der Seiten festgelegt. Es gibt Vierecke mit 2 parallelen Seiten, mit einer parallelen Seite und ohne parallele Seiten. Zu den Vierecken mit 2 parallelen Seiten gehören das Rechteck, das Quadrat, die Raute und das Parallelogramm.

<u>Das Quadrat</u>

Das Quadrat ist ein Viereck (Franke, 214). Es hat 4 Seiten. Alle Seiten sind gleich lang. Die gegenüberliegenden Seiten sind parallel zueinander. Die benachbarten Seiten sind senkrecht zueinander. Oft wird von den Kindern das Quadrat als der Prototyp eines Vierecks angesehen. Ohne unterrichtlichen Einfluss bleibt ein Quadrat für die Kinder das „richtige Viereck", wenngleich sie auch andere Vierecke als solche identifizieren können.

<u>Das Rechteck</u>

Das Rechteck ist ein Viereck (Franke, 214). Es hat 4 Seiten. Die gegenüberliegenden Seiten sind gleich lang und parallel zueinander. Die benachbarten Seiten sind senkrecht zueinander. Rechtecke werden von den Kindern am leichtesten als solche identifiziert, wenn das Seitenverhältnis 1:2 ist.

2.4 Voraussetzungen für den Unterricht

2.4.1 Lernvoraussetzungen der Schüler

Die Klasse 1a der Grundschule Pestalozzi in Zweibrücken wird von 24 Schülern, darunter 17 Mädchen und 7 Jungen, besucht. Das Leistungsniveau der Klasse kann, auch im Vergleich zur Parallelklasse, als durchschnittlich bezeichnet werden. Alisa, Saskia, Cedric und Denise werden einmal wöchentlich von Herrn Leiner, der von der Canadaschule in Zweibrücken (Schule mit dem Förderschwerpunkt Lernen) kommt, in Deutsch gefördert. Zu den leistungsstärkeren Schülern im Fach Mathematik zählen Benedict, Jenny, Kim, Ilyas und Nathalie. Als relativ schwache Schüler sind Alisa, Samira, Angelina, Annika, Marie-Luise und Janina anzusehen. Bei Samira, die die erste Klasse schon zum zweiten mal besucht, besteht der Verdacht auf ADHS, was allerdings noch nicht abschließend diagnostiziert werden konnte. Dies führt im Unterricht immer wieder zu ständiger Ablenkung und Konzentrationsschwäche. Dies überträgt sich häufig auf Mitschüler, die an ihrem Gruppentisch sitzen. Angelina ist oft übermüdet im Unterricht und scheint oft abwesend zu sein. Im Hinblick auf diese beiden Schülerinnen scheint die Gruppenarbeit in der Arbeitsphase sehr sinnvoll zu sein, da sie zum Arbeiten motiviert. Es ist allerdings darauf zu achten, dass die beiden nicht die Arbeit von den stärkeren Schülern erledigen lassen. Cagla, ein türkisches Kind, hat gelegentlich Probleme mit der deutschen Sprache, was wohl darauf zurückzuführen ist, dass zu hause noch sehr viel türkisch gesprochen wird.

Das soziale Klima in der Klasse ist sehr angenehm und wertschätzend. Es gibt selten Streit. Lediglich Alisa hat oftmals Probleme, da viele Kinder sie, evtl. auch bedingt durch ihre aufdringliche Art, nicht akzeptieren und den ständigen Kontakt, den sie sucht, nicht annehmen. Dieses Problem tritt allerdings hauptsächlich nur noch während der Pausen auf. Im Unterricht ist sie an ihrem Gruppentisch akzeptiert und die Kinder, die an ihrem Gruppentisch sitzen, wissen meistens mit ihr umzugehen. Die Kinder arbeiten in ihren Tischgruppen selbstständig zusammen. Allerdings haben einige Kinder noch Probleme mit dem Leseverständnis, was dazu führt, dass sie die Arbeitsaufträge häufig nicht alle verstehen. Um dem

Vorzubeugen werden die schriftlichen Arbeitsaufträge mit kleinen Piktogrammen bildlich unterstützt. Die Verteilung an den Gruppentischen ist so gewählt, dass immer einige schwache Schüler mit stärkeren Schülern zusammensitzen, so dass auftretende Fragen in der Gruppe besprochen und gelöst werden können.

Bisher haben die Schüler noch keine Erfahrungen im Bereich der Geometrie gesammelt, was darauf schließen lässt, dass sie mit Freude bei der Sache und motiviert sein werden. Auch der Einsatz der Geschichte zum Einstieg und des Kartontheaters, sowie der Aufnahme von der CD sollen dazu beitragen. Das methodische Vorgehen in dieser Stunde mit der Gruppenarbeit und der anschließenden Präsentation der Ergebnisse ist den Kindern bereits bekannt, so dass darauf nicht mehr explizit eingegangen werden muss. Die Schüler kennen das Prinzip des Feedback - Gebens aus zahlreichen anderen Stunden, so dass bei der Präsentation am Ende der Stunde keine Probleme auftreten dürften.

Um die Lautstärke der Klasse in der Gruppenphase ruhig zu halten, kennen die Schüler das Stillezeichen und den Gong mit dem Energy – Chime. Sie nehmen diese Signale sehr gut an und befolgen sie. Um die Aufmerksamkeit auf die Lehrperson zu richten, kennen sie den Ausdruck der „Schulbrezel", sie verschränken dann die Arme und schauen zum Lehrer.

2.4.2 Äußere Voraussetzungen

Der Klassenraum der 1a ist groß und geräumig. So ist es möglich, trotz der relativ hohen Schülerzahl verschiedene Sozialformen durchzuführen. Die Schüler sitzen immer an 4 Gruppentischen, so dass man diese nicht extra für diese Stunde umstellen muss. Die Gruppentische sind so angeordnet, dass im hinteren Teil des Klassenraumes genügend Platz ist, um einen Stuhlkreis, als auch den Theatersitz zu bilden. Für den Stuhlkreis nimmt jedes Kind den Stuhl von seinem Platz mit in den Kreis.

3   Methodische Entscheidungen und Begründungen

3.1   Einstiegssituation

Um in die Thematik der Stunde einzusteigen, sind folgende Möglichkeiten denkbar:

-    Der Einstieg findet im Theatersitz statt. Der Lehrer liest die Geschichte „Von Albert und dem Aufräumen" vor. Unterstützt wird die Geschichte durch das Spielen mit Formen im Kartontheater und durch eine aufgenommene CD „Wer spricht denn da?".

-    Der Einstieg findet im Stuhlkreis statt. Als stummer Impuls dient eine in der Mitte des Stuhlkreises stehende Kiste mit vielen verschiedenen Formen, die evtl. auch auf einer Unterlage ausgebreitet werden. Die Kinder stellen fest, dass es sich um verschiedene Formen handelt, sortieren diese und benennen danach ihre Eigenschaften.

Ich habe mich für den zuerst genannten Einstieg entschieden. Die Geschichte, das Spiel im Kartontheater, als auch das Stück von der CD stellen für die Schüler eine sehr hohe Motivation dar und machen neugierig auf den Unterrichtsinhalt und die Formen. Gleichzeitig bietet das Kartontheater eine sehr gute Möglichkeit, die Formen zu präsentieren, während man über sie spricht, als auch später bei der Vorstellung der Gruppenarbeit.

3.2 Artikulation

Folgende Stufung ist für die Gliederung der unterrichtlichen Prozesse dieser Stunde in verschiedene Phasen vorgesehen: Einstieg (Motivation), Erarbeitung, Arbeitsphase, Abschluss/Präsentation.

- ### Einstieg

Die Kinder befinden sich im Theatersitz mit Blick zur Tafel im hinteren Teil des Saals. Auf einem Tisch vor ihnen steht das Kartontheater, welches noch mit einem Tuch zugedeckt ist, um die Spannung etwas zu heben. Nach dem Vorlesen des ersten Teiles der Geschichte von Albert wird das Kartontheater aufgedeckt und der Lehrer spielt mit den Formen während die aufgenommene CD abgespielt wird.

- ### Erarbeitung

Nach Beendigung der CD stellt der Lehrer die Frage: „Wer bin ich?". Gleichzeitig wird eine Form im Kartontheater präsentiert. Neben dem Kartontheater stehen kleine Kärtchen, auf denen die Namen der Formen stehen. Die Kinder erkennen ihre Aufgabe und ordnen den Formen die richtigen Namen zu, in dem sie die Namenskärtchen vor die Form stellen. Die Schüler äußern nun, woran sie die Formen erkannt haben. Hierbei werden die Fachbegriffe, sobald sie genannt wurden, gesichert, in dem sie am Tisch sichtbar aufgehängt werden. Um die Sprache mit der Handlung zu verbinden, empfiehlt es sich, den Kindern einige Formen an die Hand zu geben, so dass sie die Eigenschaften der Formen fühlen können.

- ### Arbeitsphase

Die Schüler erhalten vom Lehrer kleine Körbe, in denen das Material als auch die Arbeitsaufträge für die Tischgruppen sind und begeben sich zu ihren Gruppentischen. Jede Tischgruppe sortiert eine andere Form aus. Anschließend suchen sie die passenden Begriffe und Zahlen aus dem Korb und ergänzen den Lückentext, der auf einem Blatt steht. Danach lernen sie ihren Text zu sprechen. In der Folge hängen sie ihre Formen mit Draht an der Stange auf. Falls eine Gruppe früher fertig sein sollte, liegt Material für sie bereit. Sie können aus vielen Formen ihre Form heraussuchen und diese dann in einer bestimmten Farbe anmalen.

- ### Abschluss/Präsentation

Hier soll nun die Gruppenarbeit präsentiert werden. Die Ergebnissicherung findet wieder im Theatersitz statt. Die Kinder bringen ihre Kisten und Stangen mit. Es soll nun eine Verbindung zum Beginn der Stunde hergestellt werden, in dem die Geschichte von Albert fortgesetzt wird und so die Kinder erneut motiviert werden, sich und ihre Gruppe vorzustellen. Nun präsentieren sich die einzelnen Gruppen nacheinander. Dabei wird darauf geachtet, dass möglichst viele Kinder einer Gruppe den Text sprechen. Nachdem eine Gruppe sich und ihre Ergebnisse vorgestellt hat, regt der Lehrer die anderen Kinder an, ihnen Feedback zu geben. Haben sich alle Gruppen vorgestellt, besteht die Möglichkeit, noch einmal allgemein über die Stunde mit den Kindern zu sprechen.

3.3 Sozialformen und Aktionsformen

Zu Beginn der Stunde bilden die Schüler den Theatersitz. Die gewählte Sitzform ermöglicht allen einen guten Blick auf den Tisch mit dem Kartontheater. Die Erarbeitungsphase findet in der Aktionsform des fragend - entwickelnden Unterrichts und in der Sozialform des Unterrichtsgesprächs statt. In der Arbeitsphase arbeiten die Kinder in Gruppenarbeit in leistungsheterogenen Tischgruppen. So können die stärkeren Schüler den schwächeren helfen, ihnen wichtige Tipps geben. Davon profitieren beide Seiten. Die Ergebnissicherung erfolgt erneut im Theatersitz. So können sich die einzelnen Gruppen optimal ihre Ergebnisse unter Einbeziehung des Kartontheaters vorstellen.

3.4   Medien und Material

Hauptmedien in der Einstiegsphase sind das **Kartontheater** und eine aufgenommene **CD**. Da die Kinder zum ersten Mal mit dem Kartontheater konfrontiert werden, lässt sich darauf schließen, dass die Motivation entsprechend hoch sein wird. Das Kartontheater dient zur optischen Unterstützung des Textes, der von der CD abgespielt wird. Ausschließlich den a- kustischen Kanal anzusprechen, würde die Kinder überfordern, der Text alleine wäre zu abs- trakt für die Kinder. Durch die Verknüpfung von Optik und Akustik ergibt sich für die Schüler ein stimmiges Gesamtbild und es wird ihnen ermöglicht, sich das Gehörte besser vorzustel- len. Die Schüler ordnen kleine **Namenskärtchen** mit den Namen der Formen den **Formen** zu, die im Kartontheater zum Einsatz kommen. Es handelt sich dabei um je eine Grundform (Kreis, Rechteck, Quadrat, Dreieck).

Diese finden in der Erarbeitungsphase jedoch nicht nur im Kartontheater Anwendung, sondern werden den Kindern auch zur Hand gegeben, so dass sie über den taktilen Kanal die Eigenschaften der Formen erfühlen können. Die Tatsache, dass es sich bei den **Formen- plättchen** streng genommen auch bereits um Körper handelt, soll in dieser Einführungsstun- de vernachlässigt werden. Es wird jedoch geplant, die Schüler schnellstmöglich darüber auf- zuklären.

In der Arbeitsphase befestigen die Schüler ausgewählte Formen aus Karton mittels vorge- formten **Drahtaufhängern** an den dünnen **Holzleisten**, die später in das Theater gehängt werden. Neben den Formenplättchen, die die Kinder sortieren, kommen auch **farbige Plaka- te** zum Einsatz. Die Schüler ergänzen die Lücken der Plakate mit passenden laminierten **Textstreifen,** die mittels **Patafix** befestigt werden und nutzen die Plakate in der Phase der Ergebnissicherung, um ihre Gruppe vorzustellen.

3.5   Unterrichtsgrundsätze

Die geplante Unterrichtsstunde richtet sich insbesondere nach dem Prinzip der **Selbsttä- tigkeit**, die Kinder arbeiten selbständig in ihren Gruppen und erledigen die Arbeitsaufträge selbständig. Hierbei ist auch das Prinzip der **Handlungsorientierung** zu nennen, welches durch die Aktivität der Schüler Anwendung findet und im engen Zusammenhang zu dem Prin- zip der Selbsttätigkeit zu betrachten ist. Das Prinzip der **Kindgemäßheit** findet in der Formu- lierung der Geschichte Alberts und der sprachlichen Gestaltung des Textes von der CD An- wendung. Auch das Prinzip der **Differenzierung** tritt in dieser Stunde auf, da für die schnel- len Kinder Arbeitsblätter bereitliegen, die sie bearbeiten dürfen, während die anderen Kinder noch mit der Gruppenarbeit beschäftigt sind. Der **Motivation** in dieser Stunde dienen das Kartontheater, die Geschichte von Albert und der Text der CD. Auch das handelnde Arbeiten motiviert die Kinder. Motivierende Sprachimpulse kommen außerdem von der Lehrkraft.

4 Verknüpfung der Wissens- und Kompetenzentwicklung mit geplanten Handlungssituationen

Wissens- und Kompetenzentwicklung	geplante Handlungssituationen
Schüler sammeln Formenkenntnisse zu Quadrat, Rechteck, Dreieck und Kreis im Bereich ebene Figuren... (Sachkompetenz)	...indem sie : • die Formen Quadrat, Rechteck, Dreieck und Kreis benennen. • Eigenschaften der Formen nennen. • Formenplättchen sortieren. • einen Lückentext zu den Eigenschaften der Formen ergänzen. • Lernen, einen Text zu den Eigenschaften der Formen zu sprechen.

5 Geplanter Unterrichtsverlauf

Artikulation/ Zeit	Erwartetes Lehrerverhalten	Erwartetes Schülerverhalten	Sozialform/Anmerkungen	Medien/ Material
Einstieg 10.00Uhr–10.10Uhr (ca. 10min)	L. begrüßt S. L. bittet S. in den Theatersitz. L. liest Geschichte von Albert vor, spielt CD ab und spielt Kartontheater mit Formen.	S. begrüßen L. und Gäste. S. bilden geordnet den Theatersitz. S. hören aufmerksam zu, stellen Vermutungen an und ordnen den Formen Namenskärtchen zu.	Ritual Theatersitz Stummer Impuls	Tafel Kartontheater, CD, CD-Player Namenskärtchen Formen
Erarbeitung 10.10Uhr-10.20Uhr (ca.10min)	L.-Impuls: „Ich kann mir vorstellen, woran ihr mich erkannt habt." L. heftet Begriffsblätter (Ecken, Seiten) an den Tisch. L. gibt S. Formen. *(möglicher Impuls: „Fühle die Seiten und Ecken des Dreiecks, Quadrats....)*	S. nennen Eigenschaften der Formen. S. fühlen Formen.	Unterrichtsgespräch	Kartontheater Formen Begriffsblätter
Arbeitsphase 10.20Uhr-10.40Uhr (ca. 20min)	L.-Impuls: „Unser Problem besteht ja immer noch. Lasst uns den Formen helfen, sich zu sortieren." L. teilt Körbe mit Arbeitsaufträgen und Materialien aus.	S. begeben sich zurück an ihre Gruppentische. S. sortieren Formen, hängen Formen an Holzstäben auf. S. füllen Lückentext mit passenden Textstrei-	Gruppenarbeit	Körbe Formenplättchen Draht, Plakate Holzstäbe Textstreifen, Patafix

			Arbeitsaufträge
	fen und üben Text ein.		
Abschluss/ Präsentation 10.40Uhr-10.50Uhr (ca. 10min)	L. bittet S. in den Theatersitz.	S. bilden den Theatersitz.	Ritual, Theatersitz	Kartontheater
	L. unterstützt und verbessert ggf.	Gruppen begeben sich einzeln an das Kartontheater und präsentieren ihre Gruppenarbeit.	Schülerpräsentation	Holzstäbe Plakat
	(möglicher Impuls: „Die Jenny will bestimmt auch was von euch wissen.")	S. geben Mitschülern Feedback über Vortrag.	Schülerfeedback	Formen

6   Anhang

- Arbeitsblatt zur Differenzierung

- Gruppenarbeitsaufträge

- Text „Albert und das Aufräumen"

- Text der CD

Literaturverzeichnis

Franke, M. (2007). *Didaktik der Geometrie in der Grundschule.* München: Spektrum Akademischer Verlag.

Ministerium für Bildung, Frauen und Jugend (2002). *Rahmenplan Grundschule. Teilrahmenplan Mathematik.* Grünstadt: Sommer Druck und Verlag.

Radatz & Rickmeyer (1991). *Handbuch für den Geometrieunterricht an Grundschulen.* Hannover: Schroedel Verlag.

Richter, E. (2006). *Wie Albert das Aufräumen lernte – geometrische Grundformen erkennen und benennen.* Erschienen in: RAAbits 52, Grundschule November 2006. Mathematik Beitrag 37. Stuttgart: Raabe Verlag.

Anhang zu „Kennen lernen einfacher geometrischer Grundformen"

- ## Arbeitsblatt zur Differenzierung

• <u>Gruppenarbeitsaufträge</u>

<u>Arbeitsauftrag</u>

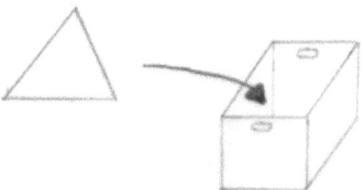

1. Sortiere alle Dreiecke in die leere Kiste.

2. Fülle die Lücken des Plakates mit den richtigen Wörtern.

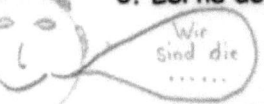

3. Lerne den Text auswendig zu sprechen.

4. Hänge die gelochten Dreiecke mit dem Draht an der Stange auf.

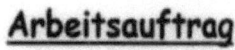

<u>Arbeitsauftrag</u>

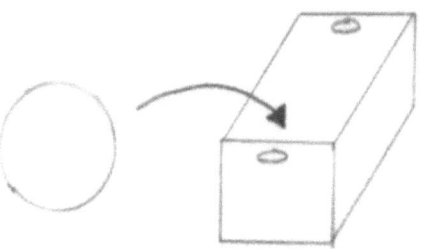

1. Sortiere alle Kreise in die leere Kiste.

2. Fülle die Lücken des Plakates mit den richtigen Wörtern.

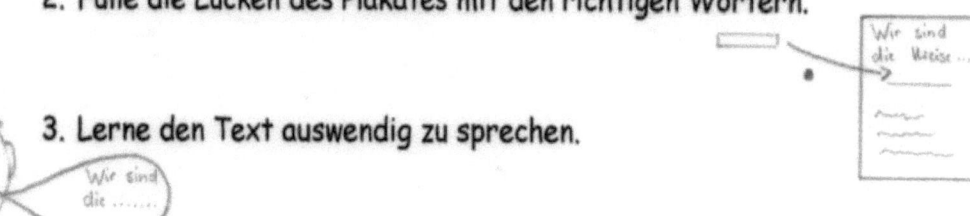

3. Lerne den Text auswendig zu sprechen.

4. Hänge die gelochten Kreise mit dem Draht an der Stange auf.

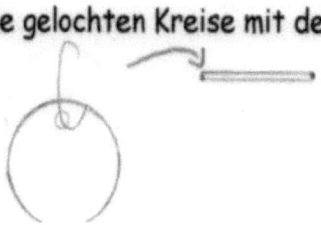

Arbeitsauftrag

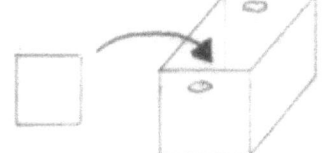

1. Sortiere alle Quadrate in die leere Kiste.

2. Fülle die Lücken des Plakates mit den richtigen Wörtern.

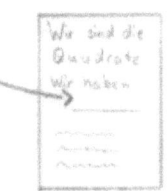

3. Lerne den Text auswendig zu sprechen.

4. Hänge die gelochten Quadrate mit dem Draht an der Stange auf.

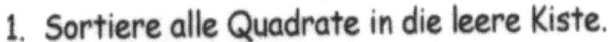

Arbeitsauftrag

1. Sortiere alle Rechtecke in die leere Kiste.

2. Fülle die Lücken des Plakates mit den richtigen Wörtern.

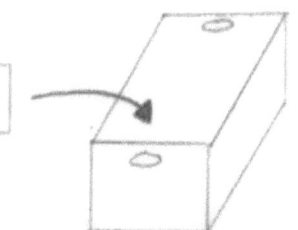

3. Lerne den Text auswendig zu sprechen.

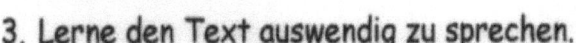

4. Hänge die gelochten Rechtecke mit dem Draht an der Stange auf.

• <u>Text „Albert und das Aufräumen"</u>

<u>Von Albert und dem Aufräumen</u>

Albert geht in die 1. Klasse. Er geht sehr gerne in die Schule, aber er ist auch froh, wenn er am Nachmittag spielen kann.

Und eines gefällt ihm gar nicht: das Aufräumen!

Heute wirft er alle seine Legeplättchen einfach kreuz und quer in einen Korb.

„Morgen werde ich sie sortieren",

denkt sich Albert und legt sich schlafen.

Doch in der Nacht – punkt zwölf Uhr – werden die Figuren lebendig.

Wir hören einmal, was sie reden...

- CD - text

- Gruppenarbeit

Am nächsten Morgen staunt Albert über die Ordnung.

Aber so sehr er auch nachdenkt, kommt er nicht dahinter, wer da aufgeräumt haben könnte...

Er grübelt den ganzen Tag, doch ohne Erfolg.

Am Abend, als Albert ins Bett geht, schaut er noch einmal nach seinen Legeplättchen.

Doch die schlummern schon friedlich – und immer noch gut sortiert – in ihren Körben.

Auch Albert legt sich schlafen.

Nach diesem anstrengenden Tag schläft er schnell ein und hört im Traum noch einmal die Formen, wie sie sich vorstellen...

- Präsentation der Gruppen

• **Text der CD**

Wer spricht denn da?

Sprecher 1 (Dreieck):	„Aah, was für eine Nacht! Aber was ist denn das? Überall andere Formen! Die kenne ich ja gar nicht. Wie heißen die überhaupt?"
Sprecher 2 (Rechteck):	„Wer brummelt da so vor sich hin? Oh, ist es hier eng! Da hat man ja gar keinen Platz. Weg da!"
Sprecher 3 (Quadrat):	„Mensch! Du siehst ja fast so aus wie ich, nur dass bei mir alle 4 Seiten gleich lang sind. Das ist ja auch viel schöner! Bei dir sieht das lustig aus mit den 2 kurzen und den 2 langen Seiten!"
Sprecher 4 (Kreis):	„Au! Wer piekst mich da in den runden Bauch? Aua, schon wieder so eine spitze Ecke! Und der hat ja gleich vier davon!"
Sprecher 1 (Dreieck):	„Rollt mal den runden Koloss da weg, der nimmt so viel Platz weg! Und da ist noch einer. Wie heißen die denn?
Sprecher 2 (Rechteck):	„Ich glaube, es wäre besser, wenn alle gleichen Formen beieinander wären. Dann hätte jeder genügend Platz."
Sprecher 1 (Dreieck):	„Gute Idee. Also los, dort stehen Schachteln. Psst! Macht doch nicht so einen Krach. Au, ist das ein Geschubse! Vielleicht helfen uns die Kinder, damit jeder seine Schachtel findet?"
Sprecher 3 (Quadrat):	„Aber wir wollen uns den Kindern doch erst einmal vorstellen."
Sprecher 4 (Kreis):	„Ich glaube, die Kinder haben uns längst erkannt!"